ANDERS HALLGREN

RÜCKENPROBLEME BEIM HUND

UNTERSUCHUNGSREPORT

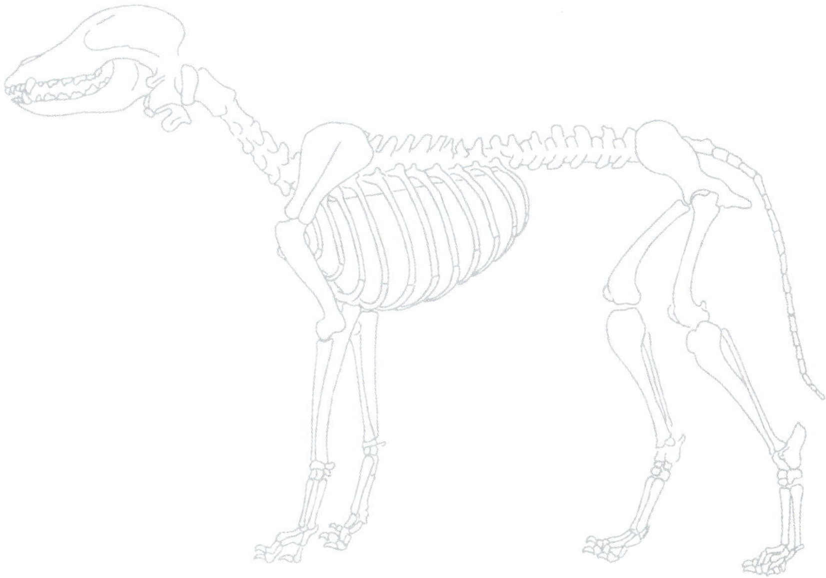

animal Learn® VERLAG

Titel der schwedischen Originalausgabe:
RYGGPROBLEM HOS HUNDEN
ISBN 3-936188-05-X
Fotos:
Clarissa v. Reinhardt, Annette Gevatter
Übersetzung:
Andrea Röhl
Überarbeitet von
Clarissa v. Reinhardt
Grafiken:
Martina Nagel
Satz & Layout:
Annette Gevatter
Druck:
Druckerei Mack GmbH, Schönaich

animal learn Verlag
Reit 11
D - 83224 Grassau
Tel.: 08641/ 59 87 87
Fax: 08641/ 59 87 17
Email: animal.learn@t-online.de
www.animal-learn.de

INHALT

VORWORT

Bedenkt man, dass Hunde, Katzen und Pferde ebenso zu den Säugetieren zählen wie wir Menschen, so versteht es sich eigentlich von selbst: Auch diese Tiere können Rückenprobleme haben. Trotzdem sind die meisten Hundebesitzer immer noch überrascht, wenn sie durch ihren Tierarzt oder Trainer erfahren, dass ihr Tier Schmerzen hat, die durch Erkrankungen des Bewegungsapparates verursacht werden.

In meiner Tätigkeit als Hundepsychologe traf ich relativ früh, nämlich bereits im Jahr 1970, auf Hunde, deren Verhalten den Verdacht auf Rückenprobleme nahe legten. Damals begann ich, mit Chiropraktikern und Naprapaten zusammenzuarbeiten, und diese Zusammenarbeit hat sich seitdem vertieft.

Ich konnte eindeutig einen Zusammenhang zwischen unerwünschten bzw. aggressiven Verhaltensweisen und durch Rückenprobleme verursachten Schmerzen feststellen. Und ich habe viele so genannte Problemhunde gesehen, die schmerzfrei, zufrieden und ausgeglichen vom Chiropraktiker kamen und keinerlei Training zur Verhaltenskorrektur mehr brauchten.

Nicht immer war der Behandlungserfolg von Dauer. In manchen Fällen musste die Therapie über einen längeren Zeitraum fortgesetzt oder nach Behandlungspausen wiederholt werden.

Diese Beobachtungen veranlassten mich, eine Untersuchung durchzuführen, deren Ergebnisse ich in dieser Broschüre zusammengefasst habe. Ich wollte herausfinden, wie häufig Rückenprobleme vorkommen und welche denkbaren Ursachen dafür verantwortlich sind. Daneben wollte ich Maßnahmen aufzeigen, die man als Hundebesitzer ergreifen kann, um die Risiken einer Erkrankung oder eines Rückfalls nach einer Behandlung so gering wie möglich zu halten.

Diese Studie wurde also durchgeführt, um die Häufigkeit von Rückenproblemen und Schäden am Bewegungsapparat zu erfassen und zumindest einige der Ursachen für sie herauszufinden.

Ich hoffe, Ihnen mit dieser Broschüre nützliche Hinweise für die Gesundheit und Fitness Ihres Hundes zu geben.

Anders Hallgren

EINFÜHRUNG

Häufig ist die Ursache für problematisches Verhalten bei Hunden eine Krankheit. Ungefähr die Hälfte aller Hundebesitzer, die mich wegen aggressiver, ängstlicher oder einfach ungewöhnlicher Verhaltensweisen ihres Hundes kontaktierten, hatten Hunde, deren Verhaltensstörungen ganz oder teilweise auf einer Krankheit basierten. Wahrscheinlich liegt die Anzahl sogar noch höher. Dies genauer zu untersuchen wäre eine interessante Aufgabe für die Zukunft.

Alle meine Kollegen, die mit Problemanalyse und Training von Hunden zu tun haben, teilen die Auffassung, dass die häufigsten Schmerzursachen Störungen der Muskulatur und des Skeletts sind. Wir haben deshalb unsere Zusammenarbeit mit Tierärzten, Chiropraktikern, Naprapaten und Osteopathen erweitert und über die Jahre intensiviert.

Diese Erfahrungen haben uns veranlasst, einen Erhebungsbogen zu entwickeln, mit dem wir über einen Zeitraum von einem Jahr Hundehalter gezielt befragten und auch alle Beobachtungen über den Hund festhielten. Schon bei der ersten Sichtung des Datenmaterials konnten wir einen Zusammenhang zwischen Problemverhalten von Hunden und Schmerzen feststellen.

Um bei unseren Klienten ein besseres Verständnis für die Rückenprobleme der Hunde zu schaffen, haben wir den Begriff „Sportverletzung" eingeführt. So konnten wir die Halter leichter motivieren, ihre Hunde im Sinne der Prävention und Therapie vor jeder bevorstehenden Anstrengung aufzuwärmen und/ oder zu massieren. Der Ausdruck „Sportverletzung" vermittelt einigermaßen, dass die Ursache bei Rückenproblemen eine Überanstrengung der nicht aufgewärmten Muskeln ist. Nach unserer Meinung scheint dies die häufigste Ursache zu sein. Wir haben die Leistung eines Hundes, der zum Beispiel mit einem anderen Hund spielt, mit der Leistung eines Fußballspielers während eines Spieles verglichen. Der Unterschied liegt darin, dass sich der Fußballspieler ca. eine Stunde vor dem Spiel aufwärmt, während der Hund dazu gewöhnlich keine Möglichkeit erhält.

Chiropraktiker beschäftigen sich mit der Diagnose, Behandlung und Prävention funktioneller Störungen der Statik und Dynamik des Bewegungsapparates. Dazu gehören die Wirbelsäule, das Nervensystem, die Muskeln, Sehnen und Gelenke. Sie arbeiten an Fehlhaltungen und Schmerzen des Bewegungsapparates, vorwiegend des Rückens. Das Kernstück chiropraktischer Tätigkeit ist die spezifische sanfte Mobilisierung blockierter Gelenke. Diese Technik wird oft auch als „chiropraktische Justierung" bezeichnet. Hierbei wird das betreffende Gelenk in einer bestimmten Richtung in Vorspannung gebracht und dann mit einem kleinen, genau dosierten Impuls leicht über seinen momentanen Bewegungsspielraum hinaus bewegt. Dies ist oft mit einem hörbaren, aber schmerzfreien Knacken verbunden. Zusätzlich stehen dem Chiropraktiker auch impulsfreie Techniken zur Wiederherstellung der Gelenkfunktion zur Verfügung. Bei der Arbeit mit Hunden wird oftmals dieses „Knacken" der falsch liegenden Wirbel zurück in die richtige Lage angewandt. Neben Massage- und Laserbehandlungen der Muskeln sind Empfehlungen zu Bewegung und Ernährung wichtig, um eine erfolgreiche Behandlung des Rückens vervollständigen zu können.

Naprapaten haben das gleiche Ziel wie der Chiropraktiker, allerdings arbeiten sie nur mit den Weichteilen, wie zum Beispiel den Muskeln. Man geht davon aus, dass sich ein Rückenproblem automatisch verbessert, wenn man die Muskulatur um den Problembereich herum bearbeitet. Bei Schmerzen verkrampft sich nämlich die Muskulatur, was zu weiteren Schmerzen führt, und diese wiederum erzeugen neue Verkrampfungen usw. Die Behandlung besteht aus Massage, Lasertherapie, gymnastischen Übungen und anderen Bewegungsformen, die den Muskeln ein adäquates Funktionieren erleichtern.

Osteopathen gehen davon aus, dass der gesamte Organismus eine Einheit bildet. Alle Körpersysteme sind miteinander verbunden und agieren in einer kontinuierlichen Wechselbeziehung, um Leben und Gesundheit zu gewährleisten. Das Verständnis dieser Wechselbeziehungen im Gesamtorganismus ist die Grundlage der Behandlung. Vorwiegendes Behandlungsziel ist das intakte Nervensystem und die ungehinderte Zirkulation der Körperflüssigkeiten. Angestrebt wird die volle Beweglichkeit und Funktionstüchtigkeit der

Muskeln, Nerven und Gelenke. Es wird mit dem ganzen Körper gearbeitet, wobei die Rückenproblematik nur ein kleiner Teil des gesamten Arbeitsbereiches eines Osteopathen ist.

Die Osteopathie wurde vor rund 120 Jahren von dem amerikanischen Arzt Dr. Andrew Taylor Still (1828 - 1917) begründet. Er begann mit seiner Suche nach einer neuen, ganzheitlichen Therapieform, weil er von der Medizin seiner Zeit tief enttäuscht war. Seine erste Frau und sechs seiner Kinder starben an Infektionskrankheiten, die seiner Meinung nach bei richtiger Behandlung hätten auskuriert werden können.

Durch jahrelanges Forschen hatte Still erkannt, dass der Mensch in Gesundheit und Krankheit als Einheit reagiert. Er hatte sich über die Wechselwirkung der Organsysteme und über die Naturgesetze informiert und entwickelte auf dieser Grundlage ein ganzheitliches Konzept, das ausschließlich auf der Behandlung durch die Hände des Therapeuten basiert.

„Die Osteopathie ist zugleich eine Philosophie, eine Wissenschaft und eine Kunst. Ihre Philosophie beinhaltet das Konzept von der Einheit von Struktur und Funktion des Organismus im gesunden wie im kranken Zustand. Als Wissenschaft umfasst sie Biologie, Chemie und Physik im Dienst der Gesundheit sowie der Prävention, der Heilung und der Linderung von Krankheiten. Ihre Kunst besteht in der Anwendung dieser Philosophie und Wissenschaft in der Praxis."
(Aus H.M. Wright: Perspectives in Osteopathic Medicine)

DIE DATENSAMMLUNG

METHODE

Unsere Untersuchung umfasste 424 Individuen, von denen 24 nicht berücksichtigt wurden. Aussortiert wurden unvollständig ausgefüllte Fragebögen und die Fragebögen solcher Personen, die mit ihrem Hund bereits einen Therapeuten wegen vermuteter Rückenprobleme oder einen Trainer wegen Verhaltensproblemen aufgesucht hatten. Wir gingen davon aus, dass Personen, die bereits Rückenprobleme bei ihrem Hund vermuteten, durch diese Erwartungshaltung ihre Antworten unbewusst verfälscht hätten. Die Untersuchung umfasste Hunde aus ganz Schweden.

Von mir ausgebildete Trainer, die sich nicht nur mit der Grundausbildung, sondern auch mit der Analyse unerwünschter und/ oder problematischer Verhaltensweisen bei Hunden auseinandersetzen, hatten zusammen mit Chiropraktikern und Osteopathen Hundehalter zu einer kostenlosen Untersuchung eingeladen. Hierfür schrieben sie verschiedene Rassevereine und Klubs an und schalteten Anzeigen in Fachzeitschriften.

Das Datenmaterial ist also ein wenig selektiv und entspricht nicht ganz den Kriterien einer ungebundenen und vollkommen vom Zufall bestimmten Auswahl. Trotzdem kann man mit hoher Wahrscheinlichkeit davon ausgehen, dass das Resultat mit nur wenigen Vorbehalten auf die gesamte schwedische Hundepopulation verallgemeinert werden kann. Es handelte sich auch nicht ausschließlich um Hundehalter, die wegen ihrer „problematischen" Hunde zu den Untersuchungen kamen. Sowohl bei der Gestaltung der Briefe an die Klubs als auch bei der Ausformulierung der Zeitungsanzeigen betonten wir bewusst, welcher Nutzen in dieser kostenlosen Kontrolle für alle Hunde und ihre Halter lag. Dies war für viele Menschen Anreiz genug, auch mit einem gesund erscheinenden Hund an der Studie teilzunehmen, und einige kamen sicher auch aus reiner Neugier.

Vor Ort wurde ein Fragebogen an alle Hundehalter ausgeteilt, der von ihnen selbst ausgefüllt wurde, während sie darauf warteten, dass ihre Hunde von dem Chiropraktiker/ Osteopathen untersucht wurden. Die ganze Zeit über war ein Trainer anwesend, der Fragen der Halter über das Verhalten ihrer Hunde beantwortete. Deutete eine Untersuchung tatsächlich auf Rückenprobleme hin, so wurde eine Beratung sowohl durch den Trainer als auch den behandelnden Chiropraktiker/ Osteopathen durchgeführt. Auf Wunsch konnte eine bezahlte Behandlung in Anspruch genommen werden, und dieses Angebot nutzten auch viele der Hundehalter.

Wir achteten bei den Untersuchungen und Behandlungen auf eine ruhige und angstfreie Atmosphäre für die Hunde. Dies war nicht nur wichtig, um die Tiere zu schonen, sondern auch, um korrekte Daten und Untersuchungsergebnisse zu erhalten.

DIE UNTERSUCHUNG

Der Fragebogen umfasste zwei Teile. Der eine wurde vom Chiropraktiker/ Osteopathen ausgefüllt. Er trug ein, ob Rückenprobleme vorlagen und, falls dies der Fall war, welcher Art sie waren.

Der andere Teil wurde von den Hundehaltern anonym ausgefüllt. Er enthielt Fragen nach Rasse, Geschlecht und Alter des Hundes und zusätzlich nach seinem Hüftgelenks-, Nackengelenks- und Kniegelenksstatus, soweit dies bekannt war. Die Teilnehmer sollten angeben, ob die Hunde früher Schmerzen während der Wachstumsphase, Muskelzerrungen, Verstauchungen, Beinbrüche oder Verletzungen an den Bändern oder Pfoten hatten. Außerdem wurde danach gefragt, ob jemals Lahmheit oder Hinken mit unbekannter Ursache beobachtet wurde und ob die Hunde oft Passgang gingen bzw. gehen. Zusätzlich konnte angegeben werden, ob die Hunde eine Verhaltensstörung aufwiesen und wenn ja, um welche es sich handelte. Fragen nach der Art der Halsung (Halsband, Zughalsband, Kettenwürger, Stachelhalsband oder Brustgeschirr), die die Hunde während ihrer Welpen- und Jugendzeit trugen und welche Art sie jetzt als erwachsene Hunde tragen und weitere Fragen über die Haltungsbedingungen sollten beantwortet werden. Hierzu gehörte zum Beispiel auch, in welchem Wohnumfeld die Hunde gehalten wurden, wie zum Beispiel Wohnung im Erdgeschoss oder mit Treppenzugang, Haus mit Garten, Zwingerhaltung usw.

Danach folgte eine Reihe von Angaben zu verschiedenen Arten von körperlicher Bewegung und Anstrengung, die der Hundehalter durch Ankreuzen beantworten konnte und die bei der Verarbeitung durch den Computer nach folgenden Kriterien zusammengestellt wurden:

- Häufiges, wildes Spielen und Toben mit vielen Sprüngen zum Beispiel nach Bällen und Stöcken, wobei der Hund stark beschleunigen musste.
- Äußere Einwirkung wie der so genannte Alphawurf, das Herunterdrücken zur Bestrafung oder der Leinenruck.
- Gewalteinwirkung von außen, zum Beispiel durch einen Verkehrsunfall, bei dem der Hund entweder angefahren wurde oder bei einem Auffahrunfall/ bei einer Vollbremsung im Auto herumgeschleudert wurde.
- Hat der Hund jemals einen Schlag über den Rücken bekommen?
- War er schon mal in eine Rauferei verwickelt und falls ja, wie oft?

Zusätzliche Fragen sollten Auskunft darüber geben, ob der Hund sonst noch viel sprang (in das Auto, bei Übungen usw.), ob er häufig an der Leine geführt wurde oder (viel) dem Leinenruck ausgesetzt war und ist.
In der Untersuchung wurde die Beobachtung berücksichtigt, dass sich Hunde mit Rückenproblemen öfter strecken und häufiger gähnen als andere.
Es folgten Fragen darüber, wie oft und wie lange sich die Hunde tagsüber bewegten und auf welcher Art von Untergrund sie dies taten.

Zusätzlich sollte angegeben werden, welche Art von Futter die Hunde während der Wachstumsphase und jetzt im Erwachsenenalter erhielten. Damit sollte geprüft werden, ob ein Zusammenhang zwischen Rückenproblemen und den verschiedenen Fütterungsarten und -sorten besteht. Ebenso wurde gefragt, ob Zusatzfuttermittel wie zum Beispiel Vitamine gegeben wurden. Schließlich liegt es nahe, dass eine dauerhaft schlechte Ernährung Defekte verursachen kann, die unter anderem den Bewegungsapparat schädigen.

Die Umfrage endete mit Angaben darüber, ob der Hund vor dem Spaziergang und vor einer körperlichen Anstrengung gewöhnlich massiert wird.

Die Umfrage beinhaltete also Risikofaktoren, die hypothetisch zu Rückenproblemen führen können. Zusammengefasst waren dies:

- frühere Schäden am Bewegungsapparat
- das Tragen von Würge-, Ketten- und Stachelhalsbändern
- häufiges Treppensteigen
- der Leinenruck
- wilde Spiele
- plötzliche Beschleunigung mit hoher Geschwindigkeit
- äußerliche Gewalteinwirkung
- viele Sprünge und häufiges Hüpfen
- zu viel oder zu wenig Bewegung
- Bewegung auf glattem und/ oder hartem Untergrund
- Futter mit zu wenig Nährstoffen und/ oder mit zu hohem Proteingehalt
- Vitaminmangel

Es wurden keine Hypothesen formuliert. Das Material sollte einfach nur die Häufigkeit von Rückenproblemen und die unterschiedlichen in Frage kommenden Risikofaktoren widerspiegeln. Bei Sichtung des Ergebnisses kam der Gedanke auf, weitere Untersuchungen über Rückenprobleme durchzuführen, um verschiedene Hypothesen eingehender prüfen zu können.

AUSWERTUNG DER UNTERSUCHUNG

ERKLÄRUNG ZUR STATISTIK

Während man statistische Ergebnisse aufzeigt, gibt man gleichzeitig das Maß an, inwieweit sie sicher sind. Manchmal kann der Zufall mit einwirken und den Eindruck eines großen Zusammenhanges, zum Beispiel zwischen Bewegung und Knieschäden, erwecken. Aus diesem Grund beinhalten die Berechnungen einen Signifikanztest. Dieser gibt den Anteil eines Wertes an, von dem man annehmen muss, dass er vom Zufall abhängig ist. Spricht man von einem Wert mit 5% Signifikanzniveau, so bedeutet das, er stimmt mit 95%-iger Sicherheit mit der Realität überein. Demnach ist 2% Signifikanz noch sicherer, da der Wert mit einer 98%-igen Sicherheit realistisch ist. Manchmal spricht man nur davon, dass ein Wert signifikant ist, ohne dabei das Niveau anzugeben. In diesem Fall handelt es sich immer um mindestens 2% Signifikanz.

Steht im Text, ein Wert sei nicht signifikant, so bedeutet das nicht, dass er uninteressant ist. Es bedeutet vielmehr, dass ein Zusammenhang anzunehmen ist, man kann sich aber nicht sicher sein und sollte deshalb eine kritische Haltung einnehmen.

Der Begriff der Variablen gibt an, was untersucht wurde und mit welchem Wert das Untersuchungsergebnis belegt wurde. Die Variable „Aggressivität" kann zum Beispiel stark oder schwach sein, und sie kann mit hoher oder niedriger Wahrscheinlichkeit in Zusammenhang mit Rückenproblemen stehen.

RÜCKENPROBLEME – AUFTRETEN UND URSACHEN

Etwas mehr als 63% aller Hunde, die an der Umfrage beteiligt waren, hatten zum Zeitpunkt der Untersuchung Probleme mit dem Rücken. Es gab keinen signifikanten Unterschied zwischen den Geschlechtern. Die Problemzonen waren:

Lendenwirbelsäule	72,33%,
Brustwirbelsäule	67,19%,
Halswirbelsäule	26,87%.

Die Summe ergibt mehr als 100%, weil einige Hunde Probleme an mehreren Stellen aufwiesen.

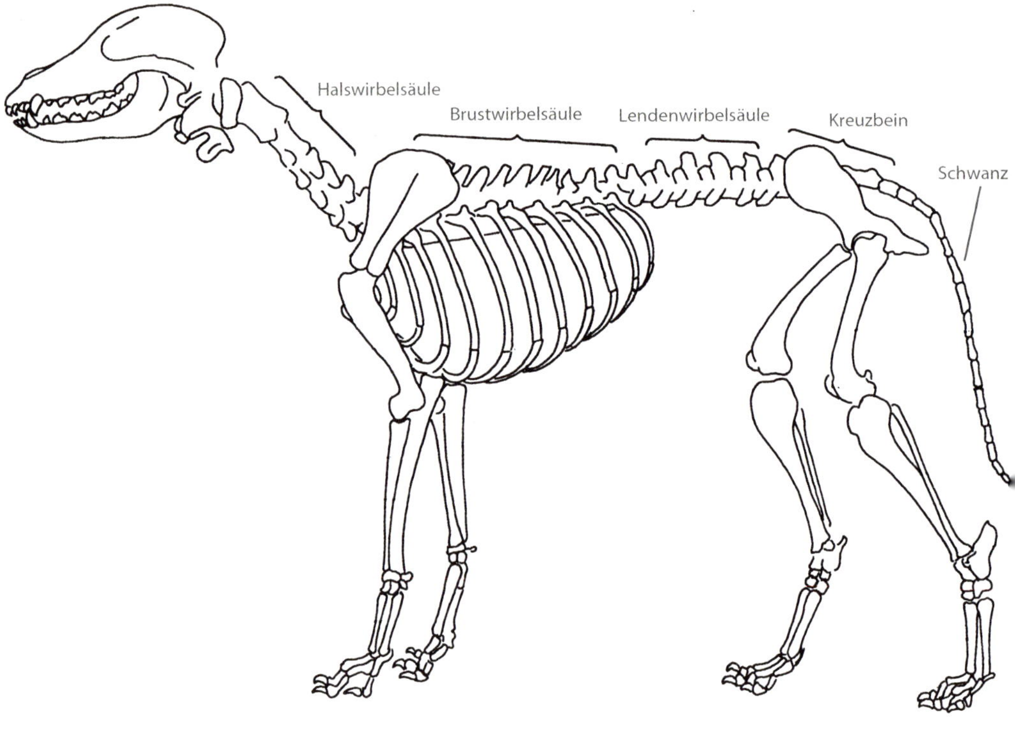

Dass Rückenprobleme bei Hunden häufig vorkommen, überrascht nach wie vor viele Hundehalter, denn sie gehen davon aus, ihre Tiere litten nicht in so großem Ausmaß unter Zivilisationskrankheiten wie Menschen. Laut Chiropraktikern/ Osteopathen lassen sich Rückenproblerne beim Menschen ungefähr wie folgt einteilen:

20%	haben gut funktionierende Rücken
40%	haben Probleme, ohne es zu merken oder darunter zu leiden
40%	haben Schmerzen und brauchen Behandlung

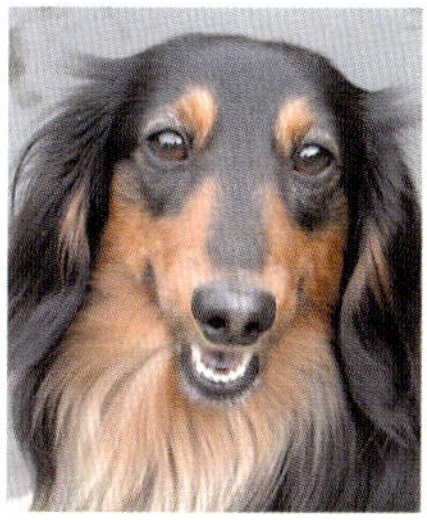

Dass die Werte der Hunde so nah bei denen der Menschen liegen, ist für viele sicherlich neu. Zwar ist allgemein bekannt, dass Rassen mit langem Rücken (wie zum Beispiel der Dackel oder der Basset) oft Probleme haben – dass aber jeder beliebige Hund Rückenprobleme bekommen kann, ist eine Erkenntnis, die einer weiteren Verbreitung bedarf.

PROBLEMVERHALTEN

Von den Hunden, die Rückenprobleme hatten, zeigten mehr (55,33%) auffällige Verhaltensweisen als diejenigen, die keine Rückenprobleme hatten. Von den Erstgenannten waren gute 42% (signifikant) verhaltensauffällig im Sinne von aggressiv oder gestresst, während ca. 13% (signifikant) reserviert oder ängstlich waren.

Unter den Hunden, die frei von Rückenproblemen waren, gab es gute 19% (signifikant), die aggressiv oder gestresst waren, und knapp 11% (signifikant), die zurückhaltend waren. In dieser Gruppe waren 70% (signifikant) problemfrei, gegenüber nur 45% in der Problemgruppe.

Tabelle 1: Problemverhalten in Relation zum Rückenfehler

Das Problemverhalten

	ohne Problem	aggressiv/ gestresst	zurückhaltend
Rückenprobleme	45%	42%	13%
keine Rückenprobleme	70%	19%	11%

Wenn man dann nur die Gruppe der aggressiven und gestressten Hunde betrachtet, zeigt sich, dass knapp 79% (signifikant) von ihnen Rückenprobleme hatten und gerade nur 21% (signifikant) problemfrei waren.

In der Gruppe der zurückhaltenden Hunde hatten fast 69% Rückenprobleme (nicht signifikant), während gute 31% keine hatten (nicht signifikant).

Tabelle 2: Die Häufigkeit von Rückenerkrankungen bei Hunden mit Problemverhalten

	mit Rückenproblemen	ohne Rückenprobleme
aggressiv/ gestresst	79%	21%
zurückhaltend	69%	31%
ohne Probleme	50%	50%

Figur 2: Von den aggressiven und/ oder gestressten Hunden hatten nahezu 79% Rückenprobleme

Aggressive und/ oder gestresste Hunde:

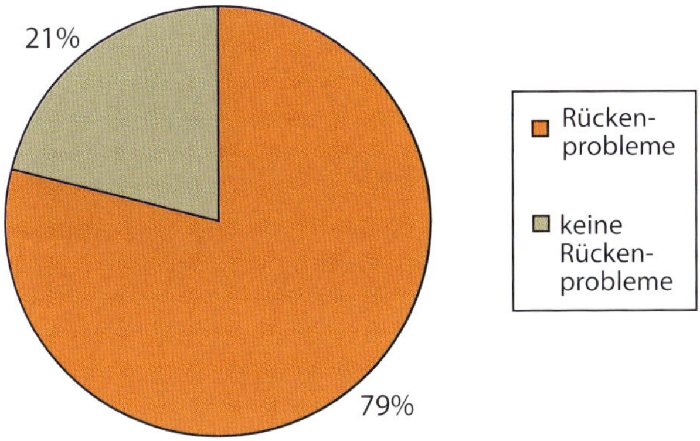

Figur 3: Von den zurückhaltenden Hunden hatten nahezu 69% Rückenprobleme

Zurückhaltende Hunde:

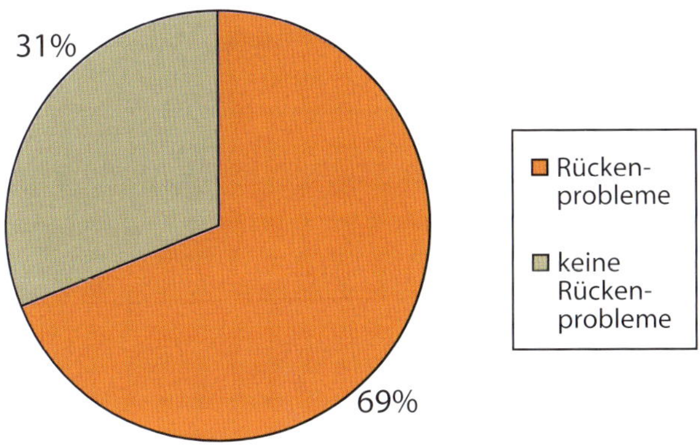

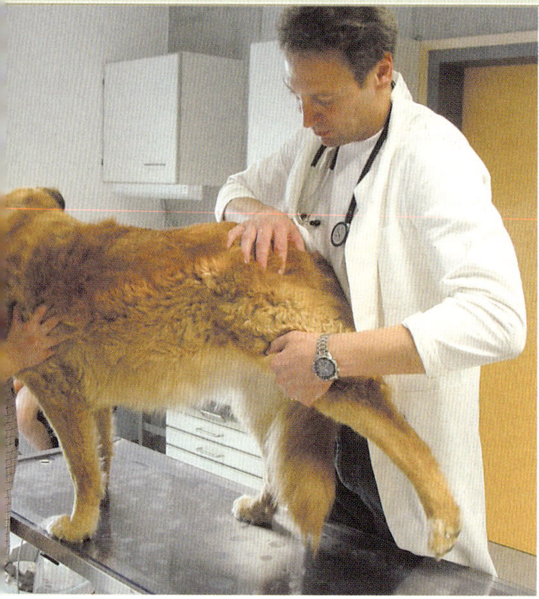

Eine medizinische Untersuchung kann wichtig sein, wenn ein Hund auffällige Verhaltensweisen zeigt.

Schauen wir nun auf die problemfreien Hunde, so sehen wir eine Verteilung von etwa 50 : 50 in Bezug auf die Rückenprobleme.

RÜCKENFEHLER ALS IRRITATION

Hunde mit verschiedenen Krankheiten und damit einhergehenden Beeinträchtigungen und Schmerzen entwickeln, wie bekannt und auch bewiesen ist, leicht Problemverhalten. Mit aller Deutlichkeit geht aus dieser Studie hervor, dass Rückenschäden keine Ausnahme sind. Ob die Schäden Schmerzen oder auch nur Verspannungen verursachen, kann niemand beantworten, aber sie sind definitiv ein Irritationsfaktor. Am häufigsten begegnen uns Hunde, die bei Rückenproblemen Verhaltensauffälligkeiten wie übersteigerte Aggressivität, vermehrtes Bellen oder auch Ängstlichkeit zeigen. Auch Stress-Symptome können vermehrt beobachtet werden.

MEDIZINISCHE UNTERSUCHUNG IST NOTWENDIG

Es ist also wichtig, einen Hund, der auffällige Verhaltensweisen zeigt, medizinisch überprüfen zu lassen. Zu einer eingehenden Untersuchung des Bewegungsapparates gehört Folgendes:

- Palpatorische Untersuchung (Untersuchung durch Abtasten)
- Beobachtung des Hundes in der Bewegung in verschiedenen Gangarten
- Röntgen der verschiedenen Körperregionen, in denen Störungen vorliegen könnten, wie zum Beispiel die Wirbelsäule (inklusive Hals- und Schwanzwirbel!), Ellenbogen, Hüftgelenke, die Extremitäten usw.
- Blutuntersuchung (zum Beispiel, um Anzeichen einer Entzündung festzustellen)

Geben Sie bitte Ihrem Tierarzt Ihr Einverständnis zu einer solch fundierten Anamnese, auch wenn diese mit etwas höheren Kosten verbunden ist. Nur dann ist das Untersuchungsergebnis auch wirklich aussagekräftig! Verlassen Sie sich aber auch niemals auf die Aussage eines Tierarztes, der mit bloßem Auge die Diagnose „...dem fehlt schon nichts..." stellt.

Wundern Sie sich auch nicht, wenn Ihr Tierarzt Körperregionen untersucht, die Ihrer Meinung nach unauffällig sind. In der Regel versucht er dann herauszubekommen, ob es bereits zu Folgeerkrankungen gekommen ist. Hat ein Hund zum Beispiel eine Dysplasie und damit verbundene Schmerzen im rechten Vorderlauf, so wird er oftmals deutliche Arthrosen am linken Vorderlauf haben, da er versucht, rechts zu entlasten, indem er links stärker auftritt. Die Arthose links ist in diesem Fall also eine Folge der Ellenbogendysplasie rechts. Von solchen Folgeerkrankungen gibt es viele Beispiele – Ihr Tierarzt kann Sie entsprechend aufklären.

FRÜHERE ERKRANKUNGEN DER GELENKE

Hunde, die Schmerzen während der Wachstumsphasen hatten, hatten signifikant mehr Rückenprobleme (83,33%) als andere.

Figur 4: Rückenprobleme sind am häufigsten bei Hunden, die Schmerzen während der Wachstumsphase hatten

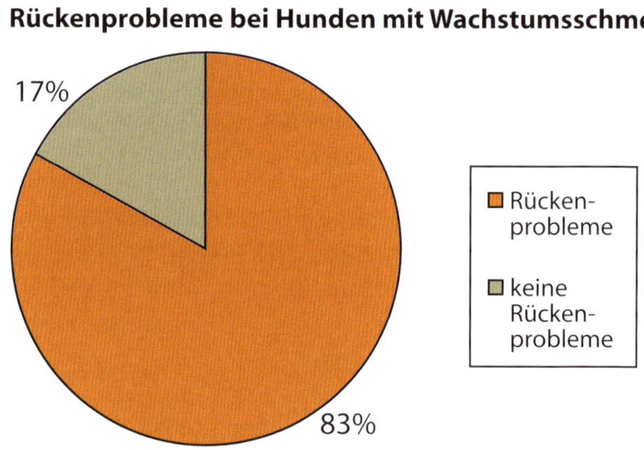

Auch hatten 71% der Hunde mit (früheren) Erkrankungen der Gelenke Rückenprobleme (signifikant auf einem 5%-Niveau). Hunde, die mit unbekannter Ursache lahmten oder hinkten, hatten mit 75% ebenfalls signifikant häufiger Rückenprobleme.

Dagegen war der Zusammenhang zwischen Passgang und Rückenproblemen ein wenig unsicher, auch wenn die Tendenzen relativ deutlich waren. 75% der Hunde, die Passgang liefen, hatten Rückenprobleme (signifikant auf dem 5%-Niveau). Zu bedenken ist aber, dass viele der Hunde, die Rückenprobleme hatten, sich auch nicht im Passgang fortbewegten. Eine endgültige Aussage kann also nicht getroffen werden, aber zumindest sollte man aufmerksam werden, wenn der Hund im Passgang läuft.

PROBLEME AN DEN GELENKEN SIND EINE WARNUNG

Dass Rückenprobleme eine Folge von Gelenkserkrankungen sein können, erscheint logisch. Der Hund entlastet ein Bein und überlastet ein anderes, gewöhnlich das diametral entgegengesetzte. Wird zum Beispiel ein rechter Vorderlauf entlastet, kann es auch vorkommen, dass der Hund den linken Hinterlauf mehr belastet. Der Körper wird schief, und die Muskeln spannen und ziehen sich schräg über den Rücken. Dass dies wirklich der Fall ist, wird mit dieser Studie bestätigt. Die Hunde, die zu einem früheren Zeitpunkt in ihrem Leben Schmerzen in der Wachstumsphase, Gelenkserkrankungen oder unspezifisches Lahmen oder Hinken aufwiesen, haben mit wesentlich größerer Wahrscheinlichkeit Rückenprobleme als andere Hunde.

Für den Laien schwer verständlich ist die Tatsache, dass Rückenprobleme besonders häufig auftreten, wenn Schäden an der Lendenwirbelsäule vorliegen. Eventuell hat dies damit zu tun, welche Läufe wann und wie entlastet werden, um den Schmerz besser zu kompensieren.

Ebenfalls schwer nachzuvollziehen ist, dass Hunde mit Schäden an den Brustwirbeln häufiger im Passgang laufen. Vielleicht werden die Muskeln in diesem Bereich beim Passgang entlastet...?!

HALSBAND

Wir konnten keinen direkten Zusammenhang zwischen dem Tragen eines Würgehalsbandes und Rückenproblemen feststellen. Man kann sich aber leicht vorstellen, welche Schäden an der Halswirbelsäule entstehen können, wenn diese durch das Tragen eines ungeeigneten Halsbandes zu sehr belastet wird. Ebenso kann es zur Reizung, sogar Quetschung des Kehlkopfes und zu Verletzungen der Muskulatur im Bereich des Halses kommen. Diese Probleme können weitgehend vermieden werden, wenn der Hund ein breites, weiches Halsband aus Stoff oder Leder trägt.

LEINENRUCK

Eindeutig konnte hingegen ein Zusammenhang zwischen Rückenproblemen und der Anwendung des Leinenrucks nachgewiesen werden. Aufgrund unserer Vermutung, der Leinenruck schädige beim Hund speziell den Nacken- und Halsbereich, haben wir weitere Vergleiche angestellt. Wie erwartet, gab es keine nennenswerten Zusammenhänge mit Defekten im Lenden- oder Brustwirbelbereich.

Figur 5: Hunde mit Schäden an der Halswirbelsäule waren zu 91% dem Leinenruck ausgesetzt gewesen

Cervikale Schäden durch Leinenruck:

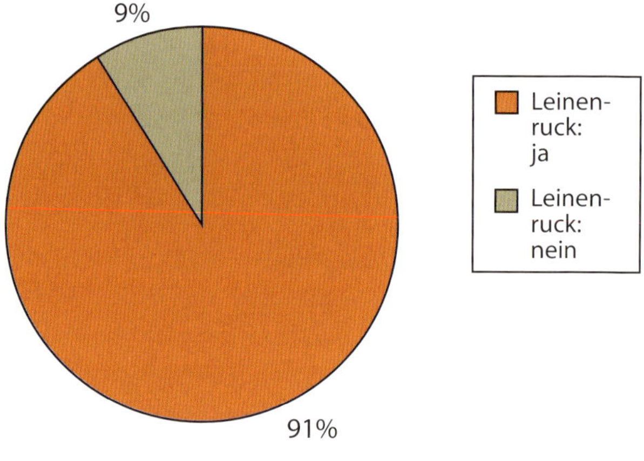

Dagegen brachte der Zusammenhang zwischen cervikalen (Nacken-)Schäden und dem Leinenruck in der gesamten Untersuchung das deutlichste Ergebnis. 91% aller Hunde, die cervikale Schäden aufwiesen, waren dem Rucken und/ oder dem harten und/ oder langen Ziehen an der Leine ausgesetzt gewesen!

An einer anderen Stelle fragten wir, wie viele Hunde mit Nackenschäden dem Leinenruck nicht ausgesetzt waren. Das wurde von 78% der Teilnehmer mit „ja" beantwortet. Das würde bedeuten, das Rucken an der Leine kann nicht die einzige Ursache sein, die solche Schäden hervorbringt. Allerdings drängte sich uns eher der Verdacht auf, dass die Teilnehmer die Frage entweder „falsch verstanden" hatten oder auf eine Art und Weise interpretierten und beantworteten, die es ihnen erlaubte, weniger Schuldgefühle zu haben. Oder sollte es möglich sein, dass manche Menschen nicht wahrnehmen, wie ihr Hund einen Leinenruck abbekommt? Zum Beispiel, wenn er nach vorne springt oder beim Ziehen an der Leine zurückgerissen wird. All dies sollten zukünftige Untersuchungen klären. Bis dahin – seien Sie vorsichtig damit, wie Sie mit der Leine hantieren!

Hunden muss früh beigebracht werden, nicht an der Leine zu ziehen.

CERVIKALE SCHÄDEN DURCH LEINENRUCK

Eines der üblichsten Halsbänder, das wir für unsere Hunde haben, ist die Würgekette aus Metall. In fast allen Hundeschulen wird sie für die Ausbildung benutzt, und bei den weiterführenden Prüfungen fast aller Verbände und Vereine ist es Vorschrift, sie dem Hund anzulegen. Bedenkt man die Funktion dieses Gerätes, sind nicht nur das Auftreten von Verletzungen, sondern auch dauerhafte Schäden an den Halswirbeln, der Muskulatur im Halsbereich und am Kehlkopf leicht zu verstehen.

Hunde, die entweder selbst stark an der Leine zogen oder während der Ausbildung oder zur Verhaltenskorrektur dem Leinenruck ausgesetzt waren, hatten – wie schon gesagt – ausgeprägte cervikale Schäden. Die stärksten und für den Hund sicher schmerzhaftesten Schäden konnten wir jedoch dort feststellen, wo mit dem Kettenwürger auf diese Art und Weise gearbeitet wurde.

VERUNSICHERUNG AUF DISTANZ

Eine Ausbildungsmethode, die spätestens nach dem Wissen um diese Zusammenhänge nur noch als tierschutzrelevant bezeichnet werden kann, ist die so genannte „Verunsicherung auf Distanz", auch „Aufmerksamkeitstraining" genannt. Hierbei hält der Mensch eine bis zu zehn Meter lange Leine, die am Halsband des Hundes befestigt ist, fest in der Hand und geht los. Sobald der Hund nicht auf diese Person konzentriert ist und eventuell ein paar Schritte vorausgeht, läuft die Person mit hoher Geschwindigkeit in die entgegengesetzte Richtung. Nun passiert also Folgendes: Der Hund bemerkt dies zunächst nicht und geht in seine Richtung weiter, der Mensch rennt in die andere Richtung – bis der Hund mit dem Anlauf von zehn Metern und entsprechend großer Wucht in sein Halsband knallt. Es kommt zu einer extrem heftigen Stauchung der Halswirbelsäule, eventuell zu Quetschungen des Kehlkopfes. Viele Hunde jaulen vor Schmerzen auf, manche überschlagen sich durch die Wucht des Aufpralls sogar (das hängt von der Körperkraft des ausführenden Menschen und der Größe des Hundes ab). Mit solcher Brachialgewalt soll dem Hund dann beigebracht werden, dass er nur an der Seite seines Menschen sicher ist und es Schmerzen verursacht, sich unerlaubt von ihm zu entfernen.

Wenn Sie, liebe Leser, nun glauben, es handele sich um eine völlig veraltete Methode, die seit Jahren nicht mehr praktiziert wird, so muss ich Sie – leider! – enttäuschen. Selbst Trainer, die damit werben, nach neuestem Wissensstand der Verhaltenskunde fair und artgerecht zu arbeiten, praktizieren diese Methode – teilweise auch noch mit dem Kettenwürger! Es liegt also an Ihnen, dafür zu sorgen, dass mit Ihrem Hund nicht so umgegangen wird, indem Sie entsprechende Trainer meiden.

ZUSAMMENFASSUNG ZUM LEINENRUCK

Um es nochmals ganz deutlich zu sagen: Vor kräftigem Rucken an der Leine sei eindringlich gewarnt. Ich weiß, dass dies ein empfindliches Thema ist, da die meisten Hundetrainer und Ausbildungsstätten genau mit dieser Rucktechnik arbeiten...

Seien Sie auch vorsichtig mit dem Anbinden unruhiger Hunde, die wahrscheinlich irgendwann nach vorne springen und durch die Befestigung am Halsband die Halswirbelsäule verletzen werden.

Auch sollten Sie aufpassen, wenn Sie so genannte Laufleinen benutzen, die zu einem plötzlichen Stopp kommen, sodass sich die gesamte Bremskraft am Hals konzentriert.

Im Training sollte ein besonderes Augenmerk darauf gerichtet werden, dass der Hund lernt, nicht an der Leine zu ziehen. Unter dem gesundheitlichen Aspekt betrachtet, wäre es aber absurd, ihm genau das mit dem Leinenruck beizubringen.

DAS BRUSTGESCHIRR

Eine gute Alternative zu einem breiten, weichen Leder- oder Stoffhalsband ist das Brustgeschirr, bei dem der Druckpunkt auf den Brustkorb verlegt wird.

Beim Kauf und Anpassen eines Geschirres sollten Sie folgende Punkte beachten:

- Das Material, aus dem das Geschirr gefertigt ist, sollte weich und anschmiegsam sein. Am besten auch waschbar, falls sich Ihr Hund einmal in etwas übel Riechendem wälzt...
- Das Geschirr sollte an allen Enden zu öffnen sein, damit es dem Hund bequem angelegt werden kann. Die Geschirre, in die man den Hund regelrecht hineinzwängen muss oder bei denen man die Pfoten anheben und durchziehen muss, sind nicht sehr empfehlenswert, da viele Hunde diese Prozedur als unangenehm empfinden.
- Der Steg auf dem Rücken sollte fest vernäht sein, damit die an ihm eingehängte Leine nicht hin und her schlabbert. Ebenfalls sollte er nicht zu kurz sein, da sich das gesamte Geschirr sonst beim Tragen nach vorne unter die Achselhöhlen zieht und dort unangenehm scheuert.
- Zwischen den Bändern, die seitlich über den Rumpf des Hundes laufen, und der Achselhöhle sollte bei mittelgroßen bis großen Hunden eine Hand breit Platz sein, bei kleinen (zum Beispiel Dackel) und sehr kleinen (zum Beispiel Chihuahua) Hunden reicht die Breite von zwei bis drei Fingern aus.
- Die Bänder, aus denen das Geschirr gefertigt ist, dürfen nicht zu schmal sein. Ist die Auflagefläche der Bänder nämlich nicht breit genug, können sie einschneiden.
- Gerade bei mittelgroßen und großen Hunden ist es wichtig, dass die Verschlussschnallen abgerundet und somit der Körperform angepasst sind, damit sie nicht gerade vom Körper abstehen.
- Wenn Sie das Geschirr angelegt und verschlossen haben, achten Sie darauf, dass es nicht zu eng sitzt, weil es sonst auf die Wirbelsäule drückt. Wenn Sie mit Ihrer Hand zwischen das Geschirr und den Rücken Ihres Hundes gleiten können, sitzt es richtig.
- Sie sollten ebenfalls darauf achten, das Geschirr so einzustellen, dass es nicht vorne auf den Brustbeinknochen drückt.
- Über Nacht oder bei längeren Aufenthalten zu Hause sollten Sie das Geschirr herunternehmen.

Ist ein Geschirr erst einmal richtig angepaßt (im qualifizierten Fachhandel wird man Ihnen dabei gern behilflich sein), ist es ein ideales Mittel, den Hund schonend für Hals und Rücken zu führen. Zusätzlich bietet es die Möglichkeit, ihn in entsprechenden Situationen sicher zu halten, ohne Ihre Hand in ein Halsband zwängen zu müssen.

ÄUSSERE GEWALTEINWIRKUNG

In der Studie bezeichnen wir mit dem Begriff „äußere Gewalteinwirkung" Situationen und Geschehnisse, denen der Hund ausgesetzt war und die zu einer Verletzung geführt haben. Dies kann zum Beispiel eine Attacke durch einen anderen Hund sein, das Anfahren durch ein Auto, ein Fahrrad, ein Mofa oder Ähnliches oder auch, dass der Hund während einer Vollbremsung durch das Auto geschleudert wurde. Grundsätzlich zählen hierzu alle Situationen, in denen Ihr Hund das Gleichgewicht verloren hat und umgefallen ist, einer plötzlichen Wendung ausgesetzt wurde oder eventuell auch gegen etwas geschleudert wurde.

Auch der so genannte Alphawurf gehört hierzu, der oftmals mit dem Zweck angewendet wird, den Hund zu bestrafen. Dem Hund werden hierbei die Beine so weggezogen, dass er umfällt und der Mensch über ihm steht. Das Ziehen an den Beinen und das plötzliche, schwungvolle Umfallen sind der Gesundheit des Bewegungsapparates nicht zuträglich.
Außerdem erscheint die Anwendung dieses Wurfes als Erziehungsmethode eher unsinnig, denn tatsächlich ist es in einem Rudel von Wölfen oder Hunden so, dass der im Augenblick der Auseinandersetzung psychisch und/ oder physisch Überlegene den anderen so massiv bedroht, dass sich dieser hinlegt. Der Unterlegene wird also nicht geworfen! Im Gegenteil: Die Demutsgeste des Unterlegenen liegt eben darin, sich selbständig klein zu machen und in dieser Position ruhig zu verharren, bis sich der Überlegene abwendet. Zwar kann es bei Auseinandersetzungen durchaus auch zu einem Anrempeln kommen, aber nicht mit der Intention, dem Gegner die Beine schwungvoll wegzuziehen.
Auch der Name „Alpha"-wurf ist irreführend. Denn dies würde bedeuten, dass nur der (oder die) Alpha dieser psychisch und/ oder physisch Überlegene sein könnte. Dem ist aber nicht so.

Schließlich muss noch bedacht werden, dass wohl die wenigsten von uns Menschen genug von sozialer Rangordnung, Rudelstrukturen und ritualisiertem Kampfgeschehen verstehen, um adäquat agieren bzw. reagieren zu können. Der viel strapazierte Vergleich mit dem Menschen als „Oberwolf" und „Führer des Rudels" mutet eher lächerlich an, wenn man bedenkt, wie wenig wir von Hunden und Wölfen bisher wissen und wie oft wir nun schon mit gesenktem Haupt eingestehen mussten, dass Erkenntnisse, die wir jahre-, eventuell sogar jahrzehntelang als wissenschaftlich fundiert betrachtet haben, einfach nur ein Irrtum waren.

ÄUSSERE GEWALTEINWIRKUNG: EINE HÄUFIGE URSACHE FÜR RÜCKENPROBLEME

Wird ein Hund Situationen ausgesetzt, die eine Störung des Gleichgewichts und ein plötzliches, kräftiges Anspannen einer oder mehrerer Muskelgruppen verursachen, erhöht sich das Risiko für spätere Rückenprobleme dramatisch. Es bedarf also nicht ausdrücklicher Gewalt gegen die Rückenpartie. Wie wir aus Erfahrung wissen, entstanden viele Rückenprobleme nach Zerrungen oder anderen Schäden der Muskulatur, nach Entlastung eines geschädigten Laufs oder einer anderen Form von Fehlverteilung des Körpergleichgewichts.

In allen eben genannten Fällen spannt der Hund, um nicht umzufallen, augenblicklich mehrere Muskeln an. Dadurch können Zerrungen und andere Schäden der Muskulatur entstehen. Bei einer Zerrung entlastet der Hund während eines längeren Zeitraums ein Bein. Dadurch werden die Muskeln, vor allem die, die über den Rücken laufen, schief angezogen. Von allen Hunden aus dieser Gruppe hatten nahezu 72% Rückenprobleme (signifikant).

Figur 6: Verschiedene Formen äußerer Gewalteinwirkung können Rückenprobleme verursachen

Rückenprobleme durch äußere Gewalteinwirkung:

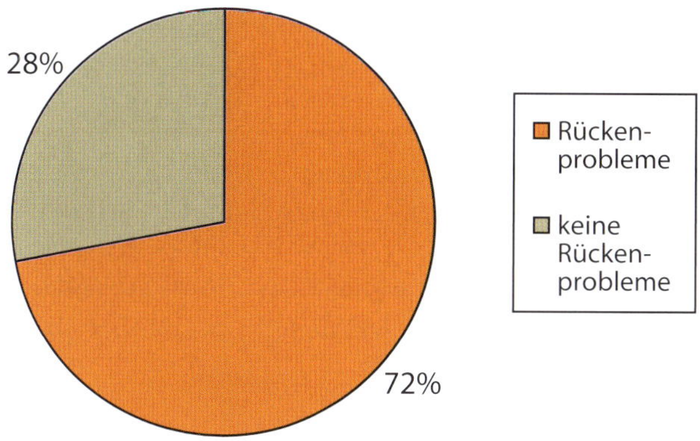

Es gibt also wirklich ausreichend Anlass, möglichst alle Situationen zu vermeiden, in denen der Hund zu Schaden kommen kann. Leicht zu organisieren ist zum Beispiel eine gute Sicherung im Auto. Es gibt Sicherheitsgurtsysteme speziell für Hunde. Kleine Hunde, die sich während der Autofahrt ruhig verhalten, sind im Fußraum des Beifahrers gut aufgehoben.

Der Hund sollte auch in der Stadt an nicht zu kurzer, lockerer Leine geführt werden.

Nur bedingt eine gute Idee sind die so genannten Kennels. Praktisch alle Modelle sämtlicher Anbieter sind nach einer Studie des ADAC nicht wirklich unfallsicher, da sie bei einem starken Aufprall, zumindest wenn sie frei stehen, leicht auseinanderbrechen. Ein weiterer Nachteil ist, dass sich gerade mittelgroße und große Hunde in ihren Transportboxen kaum bewegen können, oftmals können sie nicht einmal aufrecht sitzen. Stellen Sie sich einmal eine stundelange Autofahrt vor, bei der sie eingerollt in einer Kiste liegen, sich nicht wirklich ausstrecken können und selbst beim Hinsetzen die ganze Zeit Ihren Kopf abducken müssen, sodass ihr ganzer Körper sich verkrampft...

Oftmals liegt es nicht in unserer Macht, Unglücke zu verhindern. Aber wir können die Risiken mindern, indem wir bedacht und vorsichtig sind und den Hund sowohl im Auto sichern, als auch im Stadtbereich mit Straßenverkehr anleinen.

Wurde ein Hund durch einen anderen Hund angegriffen, so sind nicht nur die sichtbaren Schäden, wie zum Beispiel Bisswunden, ernst zu nehmen. Auf lange Sicht besteht auch das Risiko von Rückenproblemen als Folge dieser Rauferei.

Leider gibt es Menschen, die ihre Hunde frei laufen lassen, obwohl sie genau wissen, dass ihre Tiere aggressiv auf andere Hunde reagieren. Einige von ihnen denken tatsächlich, es sei vollkommen normal, dass Hunde ständig in Raufereien verwickelt sind. Aber das ist es nicht, und man sollte von den Haltern solcher „Raufer“ fordern, ihr Tier unter Kontrolle zu halten.

Natürlich ist es – besonders dem betreffenden Hund! – zu wünschen, dass Hundehalter, die solche Probleme mit ihrem Hund haben, professionelle Hilfe in Anspruch nehmen. Es gibt heutzutage effektive Analyse- und Trainingsmethoden, mit denen den meisten Hunden mit Verhaltensproblemen geholfen werden kann. Werden diese Hunde aber trotz Aufforderung nicht unter Kontrolle gehalten und sollten sie die Angriffe gegen andere Hunde fortsetzen, sollte man sich nicht scheuen, den Hundehalter bei der Polizei anzuzeigen. Es kann nicht angehen, dass sich einer auf Kosten anderer austobt. Deshalb muss notfalls das Gesetz die Beaufsichtigung eines solchen Hundes regeln.

BEWEGUNG UND SPIEL IST UNGEFÄHRLICH – NACH VORHERIGEM AUFWÄRMEN!

Es ergaben sich keine Zusammenhänge zwischen Rückenproblemen und häufigem Spielen mit anderen Hunden oder dem gelegentlichen Springen über Hindernisse. Dies ist sehr positiv. Es wäre ja bedauernswert, wenn wir gezwungen wären, die natürliche Lebensfreude unserer Hunde einzuschränken, um sie vor Erkrankung und körperlichen Schäden zu schützen.

Wir empfehlen aber, alle Hunde vor jeder körperlichen Anstrengung aufzuwärmen und ihnen die Gelegenheit zu geben, die Muskeln zu lockern. Eine sehr gute Möglichkeit dazu ist die Massage.

Dieses Aufwärmen und Lockern vor dem Spiel mit anderen Hunden, dem Absolvieren des Agilityparcours oder der Teilnahme an anderen Hundesportarten oder vor einer Jagd ist wirklich wichtig! Beobachten wir wild lebende Caniden, so ist das Aufwärmen ein ganz natürlicher Teil ihres Verhaltensrepertoires (vergleiche Seite 44ff).

Vor solch wildem Toben sollte ein Hund aufgewärmt sein.

HUNDESPORT

Die Ausübung einer Hundesportart kann für Mensch und Hund eine interessante gemeinsame Beschäftigung sein. Jedoch steht gerade hier der Hundebesitzer in der Verantwortung, eine Überforderung seines Hundes zu vermeiden und mögliche Schäden für den Bewegungsapparat abzuwenden. Damit ist nicht nur das bereits erwähnte Aufwärmen der Muskulatur gemeint, sondern – je nach Hundesportart – es sollte bedacht werden, dass bestimmte Übungen mit einem besonders hohen Verletzungsrisiko einhergehen und deshalb lieber unterlassen werden sollten.

Bei dem immer beliebter werdenden Frisbeesport mit dem Hund gelten extreme Sprünge nach der Scheibe als besonders spektakulär. Betrachtet man entsprechende Fotos, wird deutlich, wie dabei die Wirbelsäule durch die starke Drehung des Körpers großen Belastungen ausgesetzt ist. Viele Hunde sind so verrückt nach der fliegenden Frisbeescheibe, dass sie beim Hinterherspringen nicht auf ihre Umgebung achten und sich beim Aufkommen nach dem Sprung sogar überschlagen. Es bedarf keiner großen Fantasie, die erhebliche Verletzungsgefahr bei dieser Sportart zu erkennen.

Ganz ähnlich verhält es sich im so genannten Schutzhundesport, im Schutzdienstteil der Vielseitigkeitsprüfung für Gebrauchshunde. Durch die hohe Geschwindigkeit der Hunde zum Beispiel bei der langen Flucht ist es für den Figuranten nicht immer möglich, den Hund sauber anzunehmen und abzufangen. Nicht selten kann man beobachten, dass Hunde direkt auf den Arm prallen und dabei der gesamte Hundekörper gestaucht wird. Wie Tierärzte bestätigen können, sind dadurch schwere Verletzungen geradezu vorprogrammiert.

Zitat aus:

„DER GEBRAUCHSHUND“ (Das Fachmagazin für den aktiven Hundefreund, Ausgabe Nr. 4/ 2002, Seite 55) legte die folgenden Fotos dem angesehenen Schweizer Neurologen PD, PhD, Dr. med. vet. André Jaggy vor:

... und bekam eine eindeutige Stellungnahme:

„Ich muss ganz ehrlich gestehen, dass ich zweimal leergeschluckt habe, als ich die Bilder sah. Die Verletzungen, welche bei einem solchen Aufprall auftreten können, sind vor allem Kieferluxationen, Verletzungen der Halswirbelsäule wie Frakturen, Luxationen und Discusprolaps und weitere jeglicher Art von Weichteilverletzungen. ***Ich finde es eine Zumutung, dass man so etwas zulässt.****“*

Aber auch andere Hundesportarten können ein erhöhtes Verletzungsrisiko mit sich bringen. Soll der Hund wie beim Agility oder im Turnierhundesport verschiedene Hindernisse überwinden, ist nicht nur das Aufwärmen des Hundes wichtig. Um Verletzungen möglichst auszuschließen ist es notwendig, dem Hund jedes einzelne Gerät vertraut zu machen und den Bewegungsablauf und die Technik langsam einzuüben, bis alles wirklich sicher beherrscht wird. Auch ein Hund, der sich im Tunnel aus Panik verheddert oder der vom Laufdiel abrutscht, kann sich schwer verletzen. Es ist also in jedem Fall ratsam, auf mögliche Gefahren zu achten und den Hund gegebenenfalls etwas in seiner Begeisterung zu bremsen!

Bei einem gesunden Hund stellen gelegentliche Sprünge kein Problem dar.

SPRÜNGE

Die Variable „Sprung" beinhaltet das Rauf- und Runterspringen von Möbeln, das Anspringen von fremden Personen und Familienangehörigen sowie das Springen auf oder über Hindernisse. In der Untersuchung wird kein Zusammenhang mit Rückenproblemen nachgewiesen.

TREPPEN

Es konnte kein nennenswerter Zusammenhang zwischen Treppensteigen und Rückenproblemen festgestellt werden.

Da es aber eine ganze Reihe von Hunderassen gibt, die besonders empfindliche Rücken haben, wie zum Beispiel der Dackel, der Deutsche Schäferhund usw., sollte man zumindest mit diesen vorsichtig sein. Wahrscheinlich gilt auch hier: Übertreibungen sind, wie überall, schädlich. Man sollte also darauf achten, nicht zu häufig Treppen zu steigen. Besonders das Heruntergehen birgt eine erhöhte Verletzungsgefahr.

ANGELEINT ODER FREI

Ob ein Hund häufig frei läuft oder meistens an der Leine geführt wird, hat keinen Einfluss auf das Auftreten von Rückenproblemen. Dies ist natürlich gut zu wissen, da wir – besonders nach Einführung der Landeshundeverordnungen hier in Deutschland – häufig gezwungen sind, unseren Hund anzuleinen. Voraussetzung ist natürlich, dass man an der Leine nicht zieht und ruckt.

Darf der Hund nicht frei herumlaufen, so kann der Einsatz der Schleppleine eine gute Alternative sein. Der Hund erhält so mehr Bewegungsfreiheit und kann sich auch einmal links oder rechts an den Wegesrand begeben, um Geruchsquellen zu erreichen, ohne gleich in den Zug zu kommen. Denken Sie bitte auch daran, einmal stehen zu bleiben und auf Ihren Hund zu warten, wenn er etwas ausgiebiger untersuchen und beschnüffeln möchte. Sollten Sie die Schleppleine verwenden, was bedeutet, dem Hund einen Bewegungsradius von fünf bis zehn Metern um Sie herum zu ermöglichen, sollten Sie ihn unbedingt am Geschirr führen!

Eine Schleppleine ermöglicht dem Hund einen größeren Bewegungsradius.

Ebenfalls einsetzbar ist eine so genannte Flexi-Leine. Auch sie verschafft dem Hund eine gewisse Bewegungsfreiheit und hat den Vorteil, sich von selbst wieder einzurollen, wenn der Hund sich uns wieder mehr annähert.

Sie birgt allerdings auch Nachteile. Zum einen ist es schon öfter vorgekommen, dass diese Leinen gerissen sind, wenn der Hund mit Schwung nach vorne ging und an die Grenze der Leine kam. Dann steht der Mensch mit seinem Köfferchen in der Hand da, während der Hund fröhlich davonläuft, die meterlange Leine im wahrsten Sinne des Wortes im Schlepptau.

Ein weiterer Nachteil: Läßt man den Griff versehentlich los, rollt sich die Flexi-Leine sehr schnell auf, und das Köfferchen mit dem Handgriff schnellt wie ein abgeschossener Torpedo auf den Hund zu. Die Wirkung ist die gleiche, als wenn ein wildes und aggressives Tier den Hund von hinten angreift und ihn in Panik davonrennen lässt. Schon viele Hunde wurden durch solche Ereignisse schwer geschockt. Um so etwas ungedingt zu vermeiden, sollte man die flexible Leine mit einer Schlaufe versehen, die zusätzlich um das Handgelenk gelegt wird.

KOPFHALFTER

Wirklich gefährlich kann der Einsatz eines Kopfhalfters werden. Das bekannteste ist das Halti, aber es gibt auch andere Hersteller. Die Leine darf keinesfalls nur am Kopfhalfter befestigt sein, sondern muss zusätzlich mit dem zweiten Haken am Halsband oder Brustgeschirr eingehängt sein, da der Hund sonst permanent über die sehr empfindliche Halswirbelsäule geführt wird.

Das Kopfhalfter kann als vorübergehende Führhilfe sinnvoll sein, eine dauerhafte Verwendung ist allerdings nicht zu empfehlen. Auf keinen Fall sollte es dazu verwendet werden, den Kopf des Hundes gewaltsam in die vom Menschen gewünschte Richtung zu bringen. Hierbei werden die Halswirbelsäule und die Muskulatur in diesem Bereich extrem belastet.

HUNDE, DIE SICH STRECKEN

Hier gibt es einen sichergestellten Zusammenhang, der besonders interessant zu erwähnen ist. Er zeigt, dass Hunde, die sich häufig strecken, sehr oft Probleme in der Lendenwirbelsäule haben.

Um genauere Zusammenhänge zu erforschen, müssten wir eine weitere Studie mit einer größeren Vergleichsgruppe durchführen. Wir vermuten aber, dass der Grund für dieses häufigere Strecken mit dem Bedürfnis der Hunde zu tun hat, die Muskeln auszustrecken, da diese durch die Schmerzeinwirkung unter ständiger Anspannung stehen. Doch bis zu einer weiteren Studie und einer Untermauerung dieser Vermutung befinden wir uns noch im Bereich der Spekulation.

Dieser Mittelschnauzer streckt sich genüsslich.

BEWEGUNG

Der zeitliche Umfang, in dem man seinen Hund bewegt, hat laut dieser Studie keine Einwirkung auf Rückenprobleme. Ebenso scheint es keine Bodenbeschaffenheit oder Bewegungsunterlage zu geben, die besonders unvorteilhaft für die Rückenpartie ist.

Man kann sich leicht vorstellen, dass Hunde, die zu wenig Bewegung bekommen, leichter Muskel- und Rückenschäden erleiden können. Teilweise fehlt es ihnen an einer durchtrainierten Muskulatur, die das Skelett stützt, und teilweise sind sie nicht ausgelastet, was dazu führt, dass sie sich zu heftig, zu schnell und zu hart bewegen, um ihre überschüssigen Energien abzulaufen, wenn sie dann endlich Auslauf bekommen. Ebenso logisch nachvollziehbar sind weniger Rückenprobleme bei Hunden mit ausreichend viel Bewegung, denn sie sind besser trainiert und bewegen sich ruhiger und ausgeglichener als andere. Ausreichend viel Bewegung ist, auch beim Menschen, wohltuend für den Rücken.

Bei einem gesunden Hund können ausreichend lange Spaziergänge Rückenproblemen vorbeugen.

Ausreichend lange Spaziergänge in gemischtem Terrain beugen Rückenproblemen vor.

Auch die Tierärzte, Chiropraktiker und Osteopathen haben uns bestätigt, wie wichtig eine ausreichende und ausgewogene Bewegung zur Vorbeugung ist. Bewegung ist ja auch eine effektive Therapie für Menschen mit Rückenproblemen. Es gibt also viele Gründe, täglich mit seinem Hund spazieren zu gehen.

Es kann übrigens nicht ganz ausgeschlossen werden, dass die Angaben in unserer Studie über die Häufigkeit von körperlicher Aktivität nicht ganz korrekt sind, was bei der Bewertung des Ergebnisses mit berücksichtigt werden muss. Auch diese Angaben sind mit Vorsicht zu lesen – wer gibt schon gerne zu, dass er seinen Hund *nicht* ausreichend bewegt?!

Es gab einen schwachen Zusammenhang (signifikant im 5%-Niveau) zwischen den Hunden, die weniger Rückenprobleme und die Bewegung im gemischten Terrain hatten. Die Unterlage hat also eventuell doch eine gewisse Bedeutung. Es scheint zumindest logisch, dass ein Hund im gemischten Terrain mehrere verschiedene Muskeln trainiert und deswegen weniger Gefahr läuft, sich zu verletzen.

HUNDEFUTTER

Sicher hat die Ernährung einen ganz wesentlichen Einfluss auf die Gesundheit unserer Hunde. Auch bei Hunden, die zu Rückenproblemen neigen, scheint die Art der Fütterung eine Rolle zu spielen. Trockenfutter, besonders solches, das aus minderwertigen Rohstoffen hergestellt wurde und nicht über ausreichend viele Nährstoffe verfügt, steht hier im Verdacht.

Die Untersuchung weist keinen Zusammenhang zwischen vollwertigem Futter (spezielle Marken wurden nicht analysiert) und Rückenproblemen auf. Dies gilt für Trocken- wie Nassfutter und auch für selbst hergestellte, ausgewogene Nahrung.

Dagegen gibt es einen Zusammenhang zwischen minderwertigem selbst hergestellten Futter und Rückenproblemen. Ein geringer Zusammenhang zeigte sich (nur im 5%-Niveau sichergestellt!), wenn ein Hund während der Wachstumsphase selbst gemachtes Futter bekam. Die Zahlen zeigten, dass 87,5% aller Hunde, die im Erwachsenenalter selbst zusammengestelltes Futter fraßen, Rückenprobleme hatten. Dieser Zusammenhang ist signifikant. Die Anzahl der Hunde, die selbst hergestelltes Futter fraßen, war aber so gering, dass jede Deutung als unsicher angesehen werden muss. Außerdem wird unter „selbst gemachtem" Futter oftmals verstanden, den Hund mit Küchenabfällen und Essensresten vom Tisch zu ernähren, statt eine ausgewogene Ernährung für ihn zusammenzustellen.

Hiermit soll keineswegs gesagt werden, ein selbst zusammengestelltes Futter sei automatisch schlecht. Aber man sollte sich wirklich genau darüber informieren, was ein Hund benötigt, da sonst leicht die Gefahr besteht, dass von bestimmten Nährstoffen zu viel oder zu wenig in seinem Futter enthalten ist.
Die Fertigfuttermittel konnten leider nicht getrennt voneinander untersucht werden, da nicht nach den verwendeten Marken gefragt worden war. Es ist bekannt, dass es bestimmte Futtersorten gibt, die die notwendigen Mengen an Nährstoffen nicht enthalten und dadurch Muskel- und Skelettschäden auslösen können. Aber um dies genauer zu verifizieren, wären weitere Studien notwendig und wünschenswert.

Erstaunlicherweise ergab sich kein Zusammenhang zwischen Rückenproblemen und der Einnahme von zusätzlichen Vitaminen während der Wachstumsphase oder im Erwachsenenalter. Viele Vitamine sind ja wichtig für Skelett und Muskeln. Die Gruppe der Hundehalter, die Vitamine zusätzlich fütterte, war höchstwahrscheinlich zu klein, um einen merkbaren Ausschlag in der Untersuchung bewirken zu können. Genauso gut kann aber auch überwiegend fertiges Hundefutter mit ausreichend vielen Vitaminen in der richtigen Proportion gefüttert worden sein.
Die Frage, welche Rolle Vitamine bei Rückenproblemen und anderen Schäden spielen, sollte weiter verfolgt werden, und das vorliegende Ergebnis sollte nicht mit der Schlussfolgerung interpretiert werden, die Zugabe von Extra-Vitaminen sei unnötig. Das, was ein Hund zu sich nimmt, sowie die Menge an Vitaminen und Mineralien, die er verbraucht, ist höchst individuell. Eine Untersuchung, die mit Mittelwerten arbeitet, kann nicht individuelle Analysen aufwiegen.

VERSCHIEDENE HUNDERASSEN

Für die Untersuchung wurden Rassen ausgewählt, die (mit einer Ausnahme) durch mindestens neun oder mehr Individuen repräsentiert wurden. So wollten wir feststellen, ob bei einigen von ihnen eine Über- oder Unterrepräsentation von Rückenproblemen vorlag.

Aufgrund der niedrigen Anzahl der Individuen wurde in diesem Fall keine Signifikanzprüfung durchgeführt. Die Analyse brachte folgendes Resultat:

Berner Sennenhund – unter dem Mittelwert für die gesamte Gruppe

Mischlinge – über dem Mittelwert für die gesamte Gruppe

Boxer (beachte: nur 6 Individuen) – über dem Mittelwert für die gesamte Gruppe

Cavalier King Charles Spaniel – über dem Mittelwert für die gesamte Gruppe

Collie – über dem Mittelwert für die gesamte Gruppe

Dobermann – etwas über dem Mittelwert für die gesamte Gruppe

Flat Coated Retriever – unter dem Mittelwert für die gesamte Gruppe

Golden Retriever – unter dem Mittelwert für die gesamte Gruppe

Groenendal – etwas unter dem Mittelwert für die gesamte Gruppe

Tervueren – weit über dem Mittelwert für die gesamte Gruppe

Labrador Retriever – etwas über dem Mittelwert für die gesamte Gruppe

Deutscher Schäferhund – über dem Mittelwert für die gesamte Gruppe

Für die Zukunft wäre die Durchführung einer Studie wünschenswert, die den Zusammenhang zwischen Rassezugehörigkeit und Rückenproblemen genauer untersucht.

Der züchterische Ehrgeiz, den Rücken zu verlängern oder ihn sonst in seiner Form zu verändern, wie es leider bei vielen Rassen der Fall ist, dürfte unbestritten ein Grund für die Rückenprobleme unserer Hunde sein.

Viele Rassen, wie etwa der Deutsche Schäferhund, wurden äußerlich von einem relativ kompakten Tier hin zu einem langen, nach hinten schräg abfallenden Typ verändert. Somit vergrößerte sich der Abstand zwischen den Wirbeln, und infolgedessen ist die gesamte Wirbelsäule wesentlich instabiler.

Basset früher

Basset heute

Deutscher Schäferhund früher

Deutscher Schäferhund heute

THERAPIEFORMEN

Es gibt verschiedene Therapien, die Ihrem Hund helfen können, wenn er unter Rückenproblemen leidet. Nicht nur die klassische Tiermedizin kann helfen, sondern auch Osteopathie, Tellington-Touch, Magnetfeldtherapie, Massage, Aquatherapie, Physiotherapie, Kryotherapie, Akupunktur, Akupressur, Chiropraktik usw.

Am besten, Sie fragen bei einem versierten Tierarzt nach. Sollten Sie sich an eine Person wenden, die kein veterinärmedizinisches Studium abgeschlossen hat, erkundigen Sie sich – im Interesse Ihres Tieres – genau über dessen/ deren Qualifikation! Die Berufsbezeichnungen „Tierheilpraktiker", „Tierheilkundiger", „Tier-therapeut" usw. sind in Deutschland nicht geschützt! Das bedeutet: JEDER darf sich so nennen, auch ohne entsprechend qualifizierte Ausbildung. Fragen Sie also nach, ein seriöser Therapeut wird Ihnen seine Qualifikation gern nachweisen.

Besonders wichtig: Sorgen Sie unbedingt dafür, dass Ihr Hund von einem Tierarzt ausreichend mit Schmerzmitteln versorgt wird. Abgesehen davon, dass wir moralisch dazu verpflichtet sind, uns auch um diesen Aspekt seiner Rückenprobleme zu kümmern, ist dies auch entscheidend für den weiteren Krankheitsverlauf. Hat Ihr Hund nämlich große Schmerzen, so verkrampft er sich. Je mehr er sich verkrampft, desto größer werden seine Schmerzen usw. Wie neuere Forschungen ergeben haben, besteht außerdem die Gefahr, dass sich die Schmerzempfindung sozusagen in das Gedächtnis einbrennt. Das bedeutet, selbst wenn die Ursache des Schmerzes gefunden und behoben werden kann, leidet das Tier trotzdem weiterhin unter den Schmerzen. Auch aus diesem Grund ist es unerlässlich, jede Art von Schmerz so schnell wie möglich zu therapieren.

Außerdem kann dauerhafter Schmerz zu Ängstlichkeit und/ oder Aggression führen, in jedem Fall aber zu einer verminderten Lebensqualität.

DAS AUFWÄRMEN – EIN NATÜRLICHER START

KEINE KÖRPERLICHE ANSTRENGUNG OHNE VORBEREITUNG

Wie bereits deutlich wurde, kommen blockierte oder verschobene Wirbel bei Hunden häufig vor. Plötzliche, heftige Bewegungen oder ungleichmäßige Belastungen der Muskulatur sind mit hoher Wahrscheinlichkeit die Ursache, insbesondere dann, wenn der Körper nicht ausreichend vorbereitet wurde.

RUHEZUSTAND DER MUSKULATUR

Wenn ein Hund ruht, befindet sich auch die Muskulatur normalerweise in einer Art Ruhezustand. Die gesamte Muskulatur wird nur wenig durchblutet. Dadurch steht den Muskelzellen eingeschränkt Sauerstoff und Energie zur Verfügung. Auch die Reibung einzelner Muskelfasern und Sehnen aneinander ist in diesem Ruhezustand erhöht, dadurch ist der gesamte Bewegungsapparat etwas steif. Um Verletzungen zu vermeiden ist es daher, genau wie beim Menschen, wichtig, die Muskulatur auf körperliche Anstrengungen vorzubereiten, was bedeutet, dass es sinnvoll ist, ein Aufwärmtraining mit dem Hund zu absolvieren.

AUFWÄRMTRAINING FÜR HUNDE?

Die Muskulatur sollte allmählich auf die Anstrengung eingestimmt werden, zum Beispiel durch langsames gleichmäßiges Laufen. Dadurch werden das Herz-Kreislauf-System und der Stoffwechsel in den Zellen angeregt. Die einzelnen Muskeln werden stärker durchblutet und optimal mit Sauerstoff und Energie in Form von Traubenzucker versorgt. Die Körpertemperatur steigt, die Reibung der Muskeln und Sehnen aneinander nimmt ab. In den Gelenken wird vermehrt Gelenkflüssigkeit (Synovia) produziert. Dadurch wird die Gefahr einer Verletzung durch Überdehnung oder Zerrung der Muskeln und Gelenke deutlich reduziert.

STRESS ERHÖHT DAS VERLETZUNGSRISIKO

Einem hyperaktiven oder aus welchen Gründen auch immer gestressten Hund fällt es schwer, sich richtig zu entspannen. Dies führt häufig dazu, dass auch die Muskulatur nicht richtig gelockert werden kann, sondern dauerhaft verspannt ist. Bei kurzhaarigen Hunden kann man die verhärteten Muskeln (zum Beispiel an der Hinterhand) direkt sehen. Aber auch bei Hunden mit längerem Fell lassen sich die Muskeln gut ertasten. Das Zittern der hinteren Läufe kann ebenfalls ein Anzeichen für Stress und zu hohe Anspannung sein. Durch die Verkrampfung der Muskulatur steigt das Verletzungsrisiko deutlich an. Hyperaktive Hunde können ihren Bewegungsdrang kaum kontrollieren. Es scheint, als ob das Gehirn mehr Energie hat, als der Körper verkraften kann. Daher ist es für gestresste und hyperaktive Hunde ganz besonders wichtig, die Muskulatur vor einer körperlichen Anstrengung gut aufzuwärmen und danach zu lockern und zu entspannen.

AUFWÄRMÜBUNGEN IN DER NATUR?

Die Natur ist auch hier, wie bei so vielen anderen Gelegenheiten, das beste Vorbild. Ein Wolfsrudel zeigt uns, dass viele Verhaltensweisen sozusagen „nebenbei" auch dem Aufwärmen der Muskulatur vor einer körperlichen Anstrengung dienen. Stellen Sie sich folgendes Szenario vor:

Es ist Winter und es ist kalt. Die Wölfe liegen zusammengerollt im Schnee. Die Alten liegen mit größerem Abstand voneinander, die Jungen dagegen dicht beieinander. Sie haben mehrere Stunden geschlafen, und einige von den Älteren wachen auf. Hunger macht sich bemerkbar, und es ist Zeit, auf die Jagd zu gehen. Nach und nach wachen alle auf. Sie gähnen und strecken sich. Sie dehnen ihre Muskeln, indem sie erst die Schultern, den Hals und Kopf sowie die Vorderläufe nach vorne strecken und anschließend die Hinterbeine, die Rute und den Rücken nach hinten dehnen. Viele Tiere wiederholen dieses Strecken mehrfach und schütteln sich anschließend.

Nach dem Aufwachen beginnen die Jungen mit dem häufig zu beobachtenden Ritual, erst die Alten und anschließend sich untereinander zu begrüßen. Dabei machen sie sich ganz klein, sie kauern sich zusammen und kriechen. Gleichzeitig wedeln sie mit ihren Ruten und bewegen den Kopf und den ganzen Körper in verschiedene Richtungen. Sie strecken die Köpfe hoch und ihre Nasen berühren von unten her die Wangen und die Lefzen der Alten. Diese Verhaltensweise bezeichnet man auch als aktive Unterwerfung, und sie geht einher mit leichten Dehnungsübungen.

DIE AKTIVITÄT NIMMT LANGSAM ZU

Das Rudel steigert nach und nach die Aktivität. Einige der jüngeren Rudelmitglieder beginnen miteinander zu spielen. Andere Jungtiere begrüßen ältere Wölfe so überschwänglich, als hätten sie sie lange Zeit nicht mehr gesehen. Der eine oder andere Wolf beginnt jetzt ungeduldig zu winseln und sich mehr zu bewegen. Sie traben hin und her, wobei sie mit ihren Ruten wedeln. Einige strecken und dehnen sich noch einmal, wohl mehr aus Ungeduld. Das Gewinsel und die Unruhe breiten sich immer mehr aus, und ein Wolf steigert das Gewinsel so, als wollte er anfangen zu heulen. Diese Tendenz nimmt zu und wirkt auf die anderen ansteckend. Binnen kurzer Zeit strecken sie ihre Köpfe nach oben und beginnen ein gemeinsames Heulkonzert. Die Intensität und Anspannung ist nun jedem Einzelnen deutlich anzumerken. Diese Anspannung bewirkt, dass der Körper Adrenalin ausschüttet. Adrenalin ist ein Stresshormon und steigert die Pulsfrequenz. Dadurch wird die Durchblutung der Muskeln und damit gleichzeitig die Versorgung mit Sauerstoff und Energie erhöht.

DIE JAGD BEGINNT

Die Wölfe haben sich gesammelt und brechen nun allmählich zur Jagd auf. Ziemlich langsam und mit langen Schritten laufen sie los. Es ist keine Beute in unmittelbarer Nähe, und somit gibt es keinen Grund zur Eile.

Ihr Weg führt sie einen Hügel rauf und wieder runter. Die Wölfe überwinden kleine Hindernisse und laufen auf weichem Boden. Dabei wird die gesamte Muskulatur gleichmäßig belastet.

DAS TEMPO WIRD ERHÖHT

Erst viel später, wenn sie den Geruch eines potenziellen Beutetieres wahrnehmen, steigern sie ihre Geschwindigkeit. Sie bewegen sich jetzt im Trab, aber nicht zu schnell, um die nicht mehr ganz frische Fährte nicht zu verlieren. Je näher sie ihrer Beute kommen, umso intensiver wird der Geruch, und das Rudel steigert das Tempo zu einem kurzen Galopp.

DEN KÖRPER VORBEREITEN

Die eigentliche Jagd beginnt, sobald sie den frischen Geruch des Beutetieres wahrnehmen oder das Beutetier sehen. Bis dahin haben sie sich ganz locker bewegt und hauptsächlich ihre Sinne eingesetzt: Sie haben Beute gesucht und aufgespürt. Sie haben miteinander kommuniziert, meistens mit schnellen Blicken. Sie haben kleinere Hindernisse, die sie in der Natur antrafen, überwunden und sind dabei über Steine balanciert. Jetzt, in dem Moment, in dem sie das Beutetier genau vor sich haben, ist eine intensive, gut funktionierende Zusammenarbeit notwendig. Die Wölfe verwenden verschiedene Strategien, um ein Beutetier zu überlisten. Der Abstand wird eingeschätzt und das Tier auf Stärke und Schnelligkeit getestet. Erst dann wird der Trab bis zum vollen Galopp gesteigert. Jetzt hat der Wettlauf begonnen. Alle Muskeln sind auf die Jagd und den möglichen Kampf vorbereitet.

NACH DER ANSTRENGUNG FOLGT DIE RUHE

War die Jagd erfolgreich und konnten die Wölfe fressen, dann ruhen sie anschließend. Die Stimmung entspannt sich und damit auch die müden Muskeln der Wölfe. Viele Rudelmitglieder schlafen oder dösen und regenerieren sich so, um neue Kräfte zu gewinnen.

DER WOLF WEIST DEN WEG

Würde man Hunde dazu bringen, sich in dieser Art aufzuwärmen, dann könnte die Anzahl der Verletzungen erheblich verringert werden. Aber leider geschieht dies zu selten. Meist ist es vielmehr so, dass Hunden gar keine Zeit zum Aufwärmen, also zum langsamen Warmlaufen, gegeben wird. Meistens öffnet man die Tür, geht hinaus und lässt den Hund unmittelbar nach einer Ruhephase mit einem anderen Hund spielen. Oder man fährt mit dem Auto raus ins Grüne und lässt den Hund nach einer längeren Fahrt aus dem Wagen springen. Der Hund, voller Vorfreude und Bewegungsdrang, fängt sofort an zu spielen oder zu rennen.

FOLGEN SIE DEM BEISPIEL DER NATUR

Bevor Ihr Hund sich anstrengt, können Sie ihn auf ganz einfache Weise aufwärmen. Denken Sie an die Art und Weise, wie sich Wölfe verhalten, bevor sie auf Beutezug gehen. Zeigen Sie Ihrem Hund, dass es Zeit ist, sich zu bewegen. Gewöhnen Sie ihn daran, dass er nicht sofort raus darf, ohne sich zuerst drinnen ein wenig bewegt zu haben. Lassen Sie ihn sich mindestens einmal strecken. Wenn sie jedes Mal ein Wort sagen, während er sich streckt, wie zum Beispiel „Streck dich", wird der Hund dieses Wort mit der Bewegung verknüpfen, und so können Sie ihn mit Hilfe dieses Wortes dazu bringen, diese gesunde Bewegung auszuführen.

Auch das bei den Wölfen beobachtete Begrüßungsritual lässt sich nachahmen. Ihr Hund weiß, dass es gleich Zeit ist für die nächste Gassi-Runde? Sie können ihm die Aufregung und Unruhe schon ansehen, und er verfolgt Sie regelrecht? Dann setzen Sie sich einfach mal auf den Fußboden. Wahrscheinlich wird Ihr Hund neugierig auf Sie zukommen und eventuell seine Wange an Ihrem Bein reiben.

Vielleicht können Sie den Hund dazu bewegen, durch Ihre aufgestellten Beine zu kriechen, um an Ihre Hand auf der anderen Seite zu gelangen? So lässt sich spielerisch eine Art Aufwärmtraining aufbauen. Legt der Hund sich dabei auf die Seite oder den Rücken, kann man massierend über die Muskeln streicheln und so zusätzlich die Durchblutung anregen.

Nehmen Sie sich ein wenig Zeit, um die Aktivität langsam zu steigern, und beschäftigen Sie Ihren Hund. Lassen Sie seine Sinne arbeiten, indem Sie ihn zum Beispiel versteckte Leckerchen suchen lassen. So kann der Hund zumindest einen Teil der angesammelten Energie abbauen, ohne sich dabei sofort völlig zu verausgaben. Auf diese Weise wird es für den Hund leichter, Ruhe zu bewahren, wenn es dann letztendlich hinausgeht. Die Wahrscheinlichkeit, dass er winselt, an der Leine zieht oder aufgrund von überschüssiger Energie zu bellen beginnt, ist dann wesentlich geringer.

DAS TEMPO SOLLTE LANGSAM ERHÖHT WERDEN

Der Hund sollte am Anfang des Spazierganges nicht gleich losrennen. Daher kann es sinnvoll sein, ihn zunächst an der Leine zu führen. Für die Muskulatur wäre es am besten, wenn das Gelände hügelig wäre, denn dann würden alle Muskeln gleichmäßig belastet. Das Tempo sollte allmählich vom Schritt in den Trab gesteigert werden. Besonders wichtig ist es, den Hund auf diese Art und Weise zunächst langsam zu bewegen und aufzuwärmen, bevor Sie ihn mit Artgenossen spielen lassen oder er einer Spielbeute hinterherjagen darf.

Langsames Aufwärmen vor dem Gruppentraining vermindert die Verletzungsgefahr.

Spiel kann den Bewegungsapparat stark beanspruchen. Lassen Sie den Hund erst nach einer Aufwärmphase spielen.

So gerne Hunde miteinander spielen, wenn sehr kleine Hunde mit deutlich größeren spielen, ist es wichtig, darauf zu achten, dass dieses Spiel nicht zu wild wird. Durch die unterschiedlichen

Größen- und Gewichtsverhältnisse kann es leicht passieren, dass der große Hund den kleinen unabsichtlich verletzt. Ein kleiner Rempler oder Schubs, der einen in etwa gleich schweren Hund nicht mal aus dem Gleichgewicht bringen würde, kann einen deutlich kleineren Hund schon umreißen. Oder der größere Hund könnte auffordernd mit seiner Pfote nach dem kleineren tappen und ihn dabei unsanft treffen. Hierbei kann es zu ernsthaften Schäden, wie Bänderzerrungen oder Gelenksverletzungen, kommen. Außerdem besteht immer die Gefahr, dass der kleine Hund die schmerzhafte Verletzung mit dem Zusammentreffen mit dem großen verknüpft und sich dadurch eine generalisierte Angst vor bestimmten Rassen oder großen Hunden im Allgemeinen entwickelt. Dies kann fatale Auswirkungen haben, denn ein sehr kleiner, schnell vor dem großen her rennender Hund löst leicht dessen Beutetrieb aus, weil er einer fliehenden Beute im wahrsten Sinne des Wortes zum Verwechseln ähnlich ist.

REGELMÄSSIGE BEWEGUNG IST WICHTIG

Mit ungeübten Muskeln ist die Verletzungsgefahr genauso hoch wie mit nicht aufgewärmten Muskeln. Aus diesem Grund muss ein Hund regelmäßig die Möglichkeit zu ausreichender Bewegung bekommen. Optimal wären mehrere Spaziergänge pro Tag. Hundezwinger oder Laufleinen sind übrigens keine Alternativen zu Spaziergängen und freier Bewegung!

Mit den genannten einfachen und natürlichen Maßnahmen können Sie die meisten Verletzungen und Folgeschäden an Muskeln, Gelenken und am Rücken verhindern. Es gibt spezielle Aufwärm- und Dehnungsprogramme, wie sie zum Beispiel in der Krankengymnastik mit Menschen angewendet werden. Sicher kann man sich hier das eine oder andere abschauen und nachmachen. Sie sollten sich allerdings vorher von einem Experten beraten lassen. Dies gilt natürlich im Besonderen, wenn ihr Hund bereits Muskel- oder Rückenschäden hat.

ZUSAMMENFASSUNG

Es hat sich herausgestellt, dass von insgesamt 400 Hunden, die aus allen Regionen Schwedens stammten, 63% Rückenprobleme hatten. Dies wurde von einem ausgebildeten Chiropraktiker oder Osteopathen diagnostiziert. Nicht alle Hunde mit Rückenproblemen zeigten auffällige Verhaltensweisen. Wahrscheinlich ist es ebenso wie bei uns Menschen: Nicht jeder, der eine Krankheit hat, hat auch wirklich starke Schmerzen und leidet massiv unter ihr.

Äußere Gewalteinwirkung, durch die der Hund seine Muskeln plötzlich stark anspannen muss, scheinen die größte Rolle bei der Entstehung von Rückenproblemen zu spielen. Der Leinenruck ist ein Faktor, der die Gesundheit der Halswirbelsäule definitiv negativ beeinflusst. Aus diesem Grund ist es wichtig, sehr achtsam mit der Leine umzugehen und auch unserem Hund schon frühzeitig beizubringen, nicht an ihr zu ziehen. Dringend erforderlich ist ein Umdenken der Trainer, die während der Ausbildung mit dem Leinenruck arbeiten. Auch sollten wir den „Alphawurf" oder ähnliche Techniken, bei denen der Hund umgeworfen wird, nicht anwenden. Stattdessen sollten wir uns bemühen, möglichst vieles von dem zu vermeiden, was zu Schäden am Bewegungsapparat führen könnte.

Erfreulich ist, dass Spielen, Springen und Hüpfen keine nachteiligen Folgen für den Hunderücken zu haben scheint. Unbedingt geben wir aber die allgemeine Empfehlung, den Hund vor jeder körperlichen Arbeit und Anstrengung aufzuwärmen, zu lockern und zu massieren. Denkt man sich entsprechende Übungen aus, so ist es durchaus sinnvoll, sich an den „Lockerungsübungen" der frei lebenden Caniden zu orientieren. Sie enthalten ein wenig Dehnung und Streckung und zunächst langsame und weiche Bewegungen nach längeren Ruhephasen.

Es ist wichtig, auf eine ausgewogene Ernährung zu achten, statt mit Haushaltsresten und Abfallprodukten zu füttern. Es bleibt zu wünschen, dass zukünftige Studien zeigen, welche Art von Futter unseren Hunden die bestmögliche Ernährung bieten kann.

Bestimmte Hunderassen scheinen mehr zu Rückenproblemen zu neigen als andere. Dieser Verdacht wird hoffentlich verschiedene Rasseklubs veranlassen, sich stärker als bisher um die

Rückenproblematik zu kümmern. Hierdurch könnten wir noch mehr der dringend notwendigen Informationen erhalten, die wir zu diesem Thema benötigen.

Wenn man sich der Risiken von Sportverletzungen bewusst ist, so versteht es sich von selbst, Hunde nicht körperlichen Anstrengungen auszusetzen, ohne die Muskeln entsprechend vorbereitet zu haben. Ein einfaches Programm kann helfen, Verletzungen und Schäden des Bewegungsapparates effektiv zu vermeiden.

In Schweden hat ein Trend eingesetzt, der eine gezielte Gesundheitspflege für Hunde vorsieht. Auch im deutschsprachigen Raum interessieren sich immer mehr Menschen dafür, wie sie ihre Hunde optimal gesundheitlich betreuen können.

DANK

Mein Dank geht an Monika Danielsson, die mir bei der statistischen Auswertung half, und an Helle Haugenes, der mir wichtige Denkanstöße und Hinweise zum Thema gab.

Dank geht auch an alle Rückenspezialisten, mit denen ich im Laufe der Jahre gesprochen und zusammengearbeitet habe, und an meine Studenten des Fachs Hundepsychologie, die die Datensammlung durchführten.

Weiterhin bedanke ich mich bei Clarissa v. Reinhardt und Martina Nagel für die Bearbeitung des Skripts für diese deutsche Ausgabe.

QUELLENANGABEN/ LITERATURHINWEISE

Praxisleitfaden Osteopathie
Herausgeber: Torsten Liem und Tobias Dobler
Urban und Fischer, München 2001

www.osteopathie-schule.de

SV Jubiläumsheft:
100 Jahre
Der Deutsche Schäferhund
April 1999, Seite 76 und 78

Der Gebrauchshund
Das Fachmagazin für den aktiven Hundefreund
Ausgabe Nr. 4/ 2002, Seite 55
Anschrift der Redaktion:
Kuckucksweg 45, 47665 Sonsbeck

STRESS BEI HUNDEN

Martina Nagel
Clarissa v. Reinhardt

Mit einem Vorwort von Anders Hallgren

STRESS – ein bislang viel zu wenig beachtetes Thema, wenn es um den treuesten Begleiter des Menschen geht. Die Autorinnen zeigen in ihrem Buch, dass Stress nicht nur bei Menschen, sondern auch bei Hunden die Lern- und Konzentrationsfähigkeit erheblich beeinflusst und sogar zu Verhaltensauffälligkeiten und Krankheiten führen kann.

Das Buch behandelt u.a. folgende Themen:
- Definition: was ist eigentlich Stress?
- Stressfaktoren – wodurch wird Stress beim Hund ausgelöst?
- Anzeichen und Auswirkungen von Stress
- Möglichkeiten, Stress abzubauen und zu vermeiden

Anhand von Fallbeispielen zeigen uns Martina Nagel und Clarissa v. Reinhardt, wie wichtig der Aspekt Stress im täglichen Umgang mit dem Hund ist und was wir tun können, um Konfliktsituationen zu entspannen oder zu vermeiden.

Mit zahlreichen farbigen Abbildungen.